河南省工程建设标准

现浇石膏墙体应用技术标准

Technical standard for application of
cast-in-place gypsum wall

DBJ41/T 244-2021

主编单位:河南省建筑科学研究院有限公司
批准单位:河南省住房和城乡建设厅
施行日期:2021 年 8 月 1 日

U0364711

黄河水利出版社

2021　郑州

图书在版编目(CIP)数据

现浇石膏墙体应用技术标准:河南省工程建设标准/
河南省建筑科学研究院有限公司主编.—郑州:黄河水
利出版社,2021.8
ISBN 978-7-5509-2534-2

Ⅰ.①现… Ⅱ.①河… Ⅲ.①现浇混凝土-石膏-墙
体材料-技术标准-河南 Ⅳ.①TU227-65

中国版本图书馆 CIP 数据核字(2019)第 236165 号

出　版　社:黄河水利出版社
　　　　　地址:河南省郑州市顺河路黄委会综合楼 14 层　邮政编码:450003
发行单位:黄河水利出版社
　　　　　发行部电话:0371-66026940、66020550、66028024、66022620(传真)
　　　　　E-mail:hhslcbs@126.com
承印单位:郑州豫兴印刷有限公司
开本:850 mm×1 168 mm　1/32
印张:1.5
字数:37 千字
版次:2021 年 8 月第 1 版　　　　　印次:2021 年 8 月第 1 次印刷

定价:32.00 元

河南省住房和城乡建设厅文件

公告〔2021〕45号

河南省住房和城乡建设厅
关于发布工程建设标准《现浇石膏墙体
应用技术标准》的公告

现批准《现浇石膏墙体应用技术标准》为我省工程建设地方标准,编号为 **DBJ41/T 244-2021**,自 2021 年 8 月 1 日起在我省施行。

本标准在河南省住房和城乡建设厅门户网站(www. hnjs. gov. cn)公开,由河南省住房和城乡建设厅负责管理。

附件:现浇石膏墙体应用技术标准

河南省住房和城乡建设厅

2021 年 6 月 11 日

前 言

为保证现浇石膏墙体工程的质量,推动工业副产石膏的综合利用,改善人居环境,提高环境效益,节约资源能源,促进新型墙体材料的发展,根据河南省住房和城乡建设厅《2016年度河南工程建设标准制定修订计划》(豫建设标〔2016〕18号)的要求,标准编制组经深入调查研究,认真总结实践经验,并在广泛征求意见的基础上,编制本标准。

本标准共分为6章,主要内容包括总则、术语、现浇石膏墙体用材料、设计、施工、现浇石膏墙体工程验收。

本标准由河南省住房和城乡建设厅负责管理,由河南省建筑科学研究院有限公司负责具体内容的解释。执行过程中如有意见或建议,请寄送河南省建筑科学研究院有限公司(地址:郑州市金水区丰乐路4号,邮政编码:450053)。

主 编 单 位:河南省建筑科学研究院有限公司
参 编 单 位:河南聚能工程材料有限公司
　　　　　　　郑州市建筑设计院
　　　　　　　周口市建设工程质量安全监督站
　　　　　　　周口公正建设工程检测咨询有限公司
　　　　　　　凯盛光伏材料有限公司
　　　　　　　河南领跑环保科技有限公司
　　　　　　　南阳市住宅建筑工程有限公司
　　　　　　　河南天龙检测有限公司
　　　　　　　郑州航空港区航程置业有限公司
　　　　　　　安徽丰原集团有限公司
主要起草人:李美利　苏浏峰　王　斌　刘永杰　李雅楠

目　次

1 总 则

1.0.1 为适应发展新型墙体材料的需要,保护城乡环境,促进节能减排和发展循环经济,提高工业副产石膏的综合利用率,规范现浇石膏墙体的应用,做到技术先进、经济合理,确保工程质量,特制定本标准。

1.0.2 本标准适用于抗震设防烈度为Ⅷ度及Ⅷ度以下的地区应用现浇石膏墙体作为新建、扩建、改建的工业与民用建筑工程的非承重内隔墙时的构造设计、施工及质量验收。

1.0.3 现浇石膏墙体的设计、施工及质量验收,除应遵守本标准的要求外,尚应符合国家现行有关标准的规定。

2 术 语

2.0.1 建筑石膏 calcined gypsum

天然石膏或工业副产石膏是经脱水处理制得的,以 β 半水硫酸钙($\beta-CaSO_4 \cdot \frac{1}{2}H_2O$)为主要成分,不预加任何外加剂或添加剂的粉状胶凝材料。

2.0.2 石膏复合胶结料 gypsum composite binder

以建筑石膏作为主要胶凝材料,掺入适量钙质材料、硅质材料、轻集料和外加剂制成的适用于现浇石膏墙体的混合粉状物料。石膏复合胶结料分为普通石膏复合胶结料和轻质石膏复合胶结料。

2.0.3 普通石膏复合胶结料 ordinary gypsum composite binder

体积密度大于 950 kg/m³ 的石膏复合胶结料。

2.0.4 轻质石膏复合胶结料 lightweight gypsum composite binder

体积密度小于或等于 950 kg/m³ 的石膏复合胶结料。

2.0.5 现浇石膏墙体 cast-in-place gypsum wall

采用现场浇筑石膏复合胶结料的施工方法浇筑,经自然养护形成的内隔墙板。

2.0.6 工业副产石膏 industrial by-product gypsum

工业生产过程中产生的富含二水硫酸钙的副产品。

2.0.7 钙质材料 calcium material

以氧化钙为主要成分的材料,水化后能与二氧化硅反应生成以水化硅酸钙为主的胶结料。

2.0.8 硅质材料 siliceous material

以二氧化硅为主要成分的材料,在一定条件下,水化后能与氢氧化钙反应生成以水化硅酸钙为主的胶结料。

3 现浇石膏墙体用材料

3.1 石膏复合胶结料用原材料要求

3.1.1 建筑石膏

建筑石膏应符合现行国家标准《建筑石膏》GB/T 9776 的要求。

3.1.2 钙质材料

粒化高炉矿渣粉应符合现行国家标准《用于水泥、砂浆和混凝土中的粒化高炉矿渣粉》GB/T 18046 的要求。

3.1.3 硅质材料

粉煤灰宜采用符合现行国家标准《用于水泥和混凝土中的粉煤灰》GB/T 1596 规定的Ⅱ级粉煤灰或以上。

3.1.4 轻集料

石膏复合胶结料用轻集料应符合现行国家标准《轻集料及其试验方法 第1部分:轻集料》GB/T 17431.1 的要求。

3.1.5 外加剂

石膏复合胶结料用外加剂应符合现行国家标准《混凝土外加剂》GB 8076 的要求。

3.1.6 石膏复合胶结料采用的其他原材料应符合现行国家、行业和地方等标准的要求。

3.2 石膏复合胶结料的技术要求

3.2.1 石膏复合胶结料的物理力学性能指标应符合表 3.2.1 的要求。

表 3.2.1　石膏复合胶结料的物理力学性能指标

序号	项目			指标
1	标准扩散度用水量(%)			≤70
2	细度(%)	1.0 mm 方孔筛筛余		≤40
		0.2 mm 方孔筛筛余		≤60
3	凝结时间（min）	初凝		≥10
		终凝		≤60
4	2 h 强度（MPa）	普通石膏复合胶结料	抗折强度	≥2.5
			抗压强度	≥5.0
		轻质石膏复合胶结料	抗折强度	≥2.0
			抗压强度	≥3.5

3.2.2　石膏复合胶结料的放射性核素限量应符合现行国家标准《建筑材料放射性核素限量》GB 6566 的要求。

3.3　石膏复合胶结料试验方法

3.3.1　石膏复合胶结料的标准扩散度用水量应按现行国家标准《抹灰石膏》GB/T 28627 规定的方法进行。

3.3.2　石膏复合胶结料的细度应按现行国家标准《抹灰石膏》GB/T 28627 和《建筑石膏　粉料物理性能的测定》GB/T 17669.5 规定的方法进行。

3.3.3　石膏复合胶结料的凝结时间应按现行国家标准《抹灰石膏》GB/T 28627 和《建筑石膏　净浆物理性能的测定》GB/T 17669.4 规定的方法进行。

3.3.4　石膏复合胶结料的 2 h 强度应按现行国家标准《建筑石膏　力学性能的测定》GB/T 17669.3 规定的方法进行。

3.3.5 石膏复合胶结料的放射性核素限量应按现行国家标准《建筑材料放射性核素限量》GB 6566 规定的方法进行。

3.4 其他材料

3.4.1 耐碱玻璃纤维网布的技术性能应符合现行行业标准《耐碱玻璃纤维网布》JC/T 841 的要求。

3.4.2 粘结石膏的性能应符合现行行业标准《粘结石膏》JC/T 1025 的要求。

3.4.3 建筑钢筋的性能应符合现行国家标准《钢筋混凝土用钢 第 1 部分 热轧光圆钢筋》GB/T 1499.1 和《钢筋混凝土用钢 第 2 部分 热轧带肋钢筋》GB/T 1499.2 的要求。

3.4.4 脱模剂

宜使用容易脱模、不易造成墙体表面油污等污染的脱模剂。

4 设 计

4.1 一般规定

4.1.1 设计依据

现浇石膏墙体有关墙体的承载、防火、隔音、防潮、保温、密封和防辐射等功能设计,必须符合国家相关标准的要求。

4.1.2 现浇石膏墙体施工前,设计单位应完成墙体的建筑功能、使用功能以及抗震性能设计技术文件。设计技术文件应包括下列内容:

 1 现浇石膏墙体与主体结构的连接方式及连接构造;

 2 现浇石膏墙体不同部位的连接方式;

 3 现浇石膏墙体安装门窗的方式;

 4 确定用于潮湿环境时有关防潮、密封等构造措施;

 5 根据房屋使用功能要求,应确定现浇石膏墙体的种类和轴线分布、门窗位置和洞口尺寸以及配电箱、控制柜和插座、开关盒、水电管线分布位置及开槽留洞尺寸;

 6 现浇石膏墙体的厚度应满足建筑物内隔墙的有关力学性能和功能要求,并提出相关技术要求和相应的措施;

 7 应规定现浇石膏墙体的吊挂重物要求和相应的加固措施;

 8 应规定现浇石膏墙体的抗震性能要求和相应的加固措施;

 9 特殊部位结构设计。

4.1.3 现浇石膏墙体物理力学性能要求

现浇石膏墙体物理力学性能指标应符合表 4.1.3 的规定。

表 4.1.3 现浇石膏墙体物理力学性能指标

序号	项目		指标
1	干体积密度(kg/m³)	普通型	>950
		轻质型	≤950
2	抗压强度(MPa)	普通型	≥5.0
		轻质型	≥3.5
3	软化系数	普通型	≥0.4
		防潮型	≥0.6
4	干燥收缩值(mm/m)		≤0.2
5	吊挂力(N)		≥1 200
6	空气声隔音量(dB)(厚度 120 mm)		≥42
7	耐火极限(h)(厚度 120 mm)		≥3.0
8	传热系数[W/(m²·K)]		≤2.0

注:普通型:指用普通石膏复合胶结料现场浇筑的石膏墙体。

　　轻质型:指用轻质石膏复合胶结料现场浇筑的石膏墙体。

　　防潮型:指用使用有机硅改性普通石膏复合胶结料现场浇筑的石膏墙体。

4.1.4 现浇石膏墙体物理力学性能试验方法

　　干体积密度试验应按现行国家标准《蒸压加气混凝土性能试验方法》GB/T 11969 的有关规定执行。其他性能应按现行国家标准《建筑用轻质隔墙条板》GB/T 23451 的有关规定执行。

4.2 构造设计

4.2.1 现浇石膏墙体不得用于以下环境:

　　1 防潮层以下部位;

　　2 长期处于浸水或化学侵蚀环境的墙体。

4.2.2 门(窗)上方隔墙不得承受除自重外的其他荷载。

4.2.3 现浇石膏墙体按使用部位不同,分为分户隔墙和分室隔墙;按厚度分为 100 mm、120 mm、150 mm、200 mm 等隔墙。分户隔墙厚度不应小于 150 mm,分室隔墙厚度不应小于 100 mm。

4.2.4 现浇石膏墙体门(窗)口上应设置钢筋笼过梁,现浇石膏墙体门(窗)口两侧应设置抱框筋,并且随墙体浇筑而成。现浇石膏墙体与门(窗)框的连接方式见图 4.2.4。

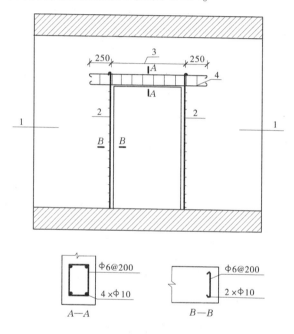

1—石膏墙体;2—抱框筋;3—洞口宽;4—钢筋笼

图 4.2.4 现浇石膏墙体与门窗框的连接方式示意

4.2.5 在待浇筑墙体的两侧及顶部主体结构上应粘贴泡沫交联聚乙烯带,泡沫交联聚乙烯带宽度宜为墙体宽度减 10 mm,现浇石膏墙体与主体结构之间宜采用柔性连接(见图 4.2.5)。

4.2.6 现浇石膏墙体与主体结构之间应采取可靠的拉结措施。

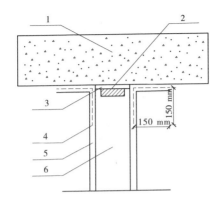

1—主体;2—柔性连接材料;3—粘结石膏嵌缝;
4—粘结耐碱玻璃纤维网布;5—装饰面层;6—现浇石膏墙体

图 4.2.5 现浇石膏墙体与主体结构柔性连接示意

现浇石膏墙体施工前应完成与主体结构进行钢筋网的预埋或锚固。钢筋直径不应小于 φ 6,纵筋间距不应大于 1.5 m,横筋间距不应大于 1 m。钢筋预埋或锚固的深度不小于 60 mm。钢筋网的预埋和锚固见图 4.2.6 。

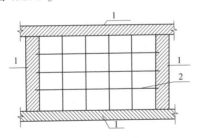

1—主体;2—钢筋

图 4.2.6 钢筋网的预埋和锚固示意

4.2.7 现浇石膏墙体高度超过 5 m 时,应加设钢骨架。钢骨架的施工质量应满足《钢结构工程施工质量验收规范》GB 50205 的要求。

4.2.8 现浇石膏墙体施工长度不宜超过 10 m,超过 10 m 时应设置结构柱钢筋。

4.2.9 现浇石膏墙体底部应设置高度不小于 200 mm、强度等级不低于 C20 的现浇混凝土或预制混凝土空心砌块导墙,导墙厚度应与现浇石膏墙体厚度相等,厨房、卫生间等有防水要求的房间应采用防潮型现浇石膏墙体。

4.2.10 厨房、卫生间墙体内侧应涂刷界面剂后采用聚合物防水砂浆抹灰和 SPS 水泥基弹性防水涂料满涂。

4.2.11 现浇石膏墙体与不同材料的接缝处和阴阳角部位,应做加强处理。

5 施 工

5.1 一般规定

5.1.1 施工单位施工前应根据设计单位提交的设计技术文件资料,编制现浇石膏墙体分项工程专项施工方案。分项工程专项施工方案应由施工单位技术负责人批准,经监理单位审核后实施。

5.1.2 专项施工方案应包括施工人员、机械、运输、贮存、辅助材料制备、施工工艺要求、施工顺序、工期进度要求、质量要求、环保要求、安全措施、验收和整改。

5.1.3 施工前施工单位应对施工人员进行现浇石膏墙体分项工程施工技术培训,施工人员应熟悉施工相关图纸及技术文件。

5.1.4 施工单位应遵守国家相关环境保护的法律、法规,采取有效措施控制施工现场的各种粉尘、废弃物、噪声等对周围环境造成的污染和危害。

5.1.5 若室外日平均气温连续 5 d 低于 -5 ℃,应采取冬季施工措施。

5.1.6 施工单位应制定相应的安全施工技术措施和劳动保护措施。

5.1.7 现浇石膏墙体所用原材料均应具有产品合格证书、产品性能检测报告,对石膏复合胶结料应进行复验,不合格的石膏复合胶结料不得用于施工。

5.2 施工技术要求

5.2.1 现浇石膏墙体施工前,主体结构应验收完毕。杂物应清理,现场及场地应平整,应通水、通电,满足施工条件。

5.2.2 原材料堆放场地应平整、干燥,并有防雨和排水措施,严禁淋雨受潮。

5.2.3 原材料应按品种分类堆放,并做标识,下部应采用垫木架空。堆放高度不宜超过 1 600 mm,堆垛间应留有通道。

5.2.4 与现浇石膏墙体连接的楼地(顶)面、墙面的浮灰、油渍应清理干净。

5.2.5 放线时应先弹出墙体中心线,按墙体设计宽度弹出模板控制线,并应标出门(窗)洞口的位置。

5.3　模板安装

5.3.1 支模前,模板应均匀涂刷脱模剂,并应将模板榫口对齐。

5.3.2 支模完成后应检查模板的拼缝,以及支撑件的牢固程度。

5.3.3 应对完成支模模板的垂直度进行校验。当模板的垂直度超过 4 mm 时,应重新组装模板。

5.4　浇筑入模和拆模

5.4.1 在浇筑石膏浆料之前,应进行钢筋隐蔽工程验收,验收内容应包括:

　　1 钢筋的品种、规格、数量、位置等;

　　2 钢筋的连接方法、接头位置、接头数量等;

　　3 箍筋,横、竖向钢筋的品种、数量、位置等;

　　4 预埋件的规格、数量、位置等。

5.4.2 墙体浇筑时浆体的水胶比不应小于 0.65。同道墙体应使用相同的水胶比。严禁将水直接注入到模板中。

5.4.3 注浆机开机前应检查供水泵和流量计过滤网,每天应至少检查一次。

5.4.4 每组模板宜一次浇筑成型。

5.4.5 拆模应在现浇石膏墙体终凝后进行。拆模时严禁大幅度推搡、晃动、敲打。

5.4.6 拆模后应保持通风,并严禁浇水养护。

5.5 管线安装

5.5.1 隐蔽管线应按设计要求,预先固定在钢筋网上直接浇筑在现浇石膏墙体内。

5.5.2 如需后期在现浇石膏墙体内埋设管线,应在墙体浇筑成型7 d后进行;埋设管线应使用专用开槽工具。

5.5.3 墙面开槽深度不应大于现浇石膏墙厚的2/5,开槽长度不应大于现浇石膏墙体长度的1/3,严禁在现浇石膏墙体两侧同一部位开槽、开洞,其间距应错开150 mm以上。

5.5.4 管线安装后应采用专用粘结石膏填实补平。

5.6 后续装饰的规定

5.6.1 在墙面装饰层施工前,应清理墙面浮灰、杂物。设备孔洞、管线槽口周围应使用石膏基浆料或嵌缝石膏批嵌刮平,不得用不同材料修补。

5.6.2 现浇石膏墙体浇筑完成后,确认墙体充分干燥后涂刷2遍界面剂方可进行涂刮石膏泥子或面层石膏砂浆施工。

5.6.3 接缝处,应将柔性墙体连接材料向墙内剔除5 mm,并用粘结石膏或嵌缝石膏抹平。

5.6.4 在现浇石膏墙体上进行装饰施工,应在墙体浇筑30 d以后进行。

5.6.5 粘贴瓷砖的墙面在墙体上应涂刷2遍界面剂。

5.6.6 所有涉及潮湿环境的墙面,如卫生间、厨房,必须用防潮型石膏复合胶结料浇筑,墙体浇筑30 d后,应进行可靠的防水处理。防水处理方案见图5.6.6。

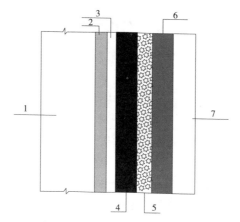

1—防潮型石膏墙体;2—拉毛刷界面剂2遍;
3—钢丝网或玻璃纤维网;4—厚度≥1.5 cm防水砂浆(丙烯酸乳液类);
5—水泥基防水涂料;6—瓷砖黏结剂;7—瓷砖

图5.6.6 防水处理方案示意

6 现浇石膏墙体工程验收

6.1 一般规定

6.1.1 现浇石膏墙体工程应对下列隐蔽工程进行验收,验收应按本标准附录 A 做好记录。

1 现浇石膏墙体底部的现浇混凝土或预制混凝土空心砌块导墙;

2 现浇石膏墙体与主体结构间的连接构造措施;

3 现浇石膏墙体内置的拉结钢筋规格、位置、间距、埋置长度;

4 现浇石膏墙体内置的钢骨架;

5 门(窗)洞口的加强处理措施;

6 现浇石膏墙体与其他材料的接缝处和阴阳角部位加强处理措施;

7 预埋管线箱盒。

6.1.2 现浇石膏墙体工程验收前,应提供下列文件和记录:

1 石膏复合胶结料、耐碱玻璃纤维网布、粘结石膏、嵌缝石膏、建筑钢筋等原材料的出厂合格证及石膏复合胶结料、粘结石膏和现浇石膏墙体性能检测报告;

2 现浇石膏墙体施工记录;

3 分项工程验收记录;

4 隐蔽工程验收记录;

5 重大技术问题的处理文件或修改设计的技术文件;

6 现浇石膏墙体施工图和设计文件;

7 其他必须检查的项目;

8 其他有关文件和记录。

6.1.3 现浇石膏墙体的检验批划分应符合下列规定：

1 应以同一品种的隔墙工程每 3 000 m² 划分为一个检验批，不足 3 000 m² 时也应划分一个检验批。

2 以同一品种的隔墙工程每 50 间(大面积房间和走廊按内隔墙的墙面 30 m² 为一间)划分为一个检验批，不足 50 间时也应划分一个检验批。

6.1.4 现浇石膏墙体工程检验批质量验收应按本标准附录 B 做好记录。分项工程质量验收应按本标准附录 C 做好记录。

6.2 工程验收

6.2.1 检验批质量合格应符合下列规定：

1 主控项目质量经抽样检验全部合格；

2 一般项目的质量检验经抽样检验合格率达 80%，不合格处进行修补后合格率达 100%；

3 具有完整的施工操作依据、质量检查记录。

6.2.2 现浇石膏墙体施工质量不符合验收要求时，应按下列规定进行处理：

1 经返工整修的检验批，应重新进行验收。

2 经部分返修后，能满足使用要求的工程，可按技术方案和协商文件进行验收。经整修后，重新验收仍不能满足要求的工程，不得进行验收。

主控项目

6.2.3 原材料应符合要求。

抽样数量：

1 石膏复合胶结料应按批检验，同一生产厂家每 500 t 为一批，不足 500 t 时按一批计；

2 粘结石膏应按批检验，同一生产厂家每 50 t 为一批，不足

50 t 时按一批计;

3 耐碱玻璃纤维网布和建筑钢材同一工程使用的同一生产厂家、同一规格、同一型号、同一批号的为一批。

检验方法:查验耐碱玻璃纤维网布和建筑钢材等原材料的出厂合格证或进场复验报告、石膏复合胶结料和粘结石膏的复检报告以及所有原材料的进场验收记录。

6.2.4 现浇石膏墙体厚度不得小于设计规定的厚度 2 mm。

检查数量:每个检验批应至少抽查 10%,但不得少于 3 间,不足 3 间时应全数检查。

检查方法:用钢尺量一端和中部,取其中偏差较大者。

6.2.5 门(窗)洞口过梁、水平系梁的设置应符合设计要求。

抽检数量:全数检查。

检查方法:观察、测量,检查隐蔽工程记录。

6.2.6 现浇石膏墙体与主体结构梁或顶板、柱或墙的连接构造措施应符合设计要求。

抽检数量:全数检查。

检查方法:观察,检查施工记录。

6.2.7 现浇石膏墙体的性能应符合要求。

抽检数量:现浇石膏墙体的检验批应以同一品种的隔墙工程每 3 000 m² 划分为一个检验批,不足 3 000 m² 时也应划分一个检验批。

检查方法:核对第三方检测机构的检测报告。

一般项目

6.2.8 现浇石膏墙体不得有缺损,不得有大于 30 mm×30 mm 的缺角,不得有单面大于 0.2 m² 且超出总面积的 10% 的墙体表面麻面、掉皮、空鼓、起砂、沾污。

检查数量:每个检验批应至少抽查 10%,但不得少于 3 间,不足 3 间时应全数检查。

检查方法:观察、钢尺检查。

6.2.9 墙上开的洞孔、槽、盒宜位置正确,边缘整齐。

检查数量:每个检验批应至少抽查 10%,但不得少于 3 间,不足 3 间时应全数检查。

检查方法:观察、钢尺检查。

6.2.10 现浇石膏墙体的尺寸允许偏差应符合表 6.2.10 的规定。

检查数量:每个检验批应至少抽查 10%,但不得少于 3 间,不足 3 间时应全数检查。

表 6.2.10　现浇石膏墙体的尺寸允许偏差

序号	项目		尺寸允许偏差(mm)
1	长度 (mm)	<1 500	−3,+3
		1 500~2 500	−5,+5
		>2 500	−8,+8
2	高度 (mm)	<1 500	−3,+3
		≥1 500	−5,+5
3	厚度(mm)		−2,+3
4	墙面平整度		4
5	立面垂直度		$L/1\ 000$ 且≤8

检查方法:长度用钢尺检查;高度用钢尺量一端和中部,取其中偏差较大者;厚度用钢尺量一端和中部,取其中偏差较大者;墙面平整度用 2 m 靠尺和塞尺检查;立面垂直度用拉线、钢尺量最大侧向弯曲处。

附录 A 隐蔽工程验收记录表

表 A 隐蔽工程验收记录表

工程名称			开工时间	
分项工程名称			验收部位	
施工单位			项目经理	
分包单位			分包单位 项目经理	
施工执行标准			标准代号	
隐蔽工程部位	质量要求	施工单位 自查记录		监理(建设)单位 验收记录
施工单位 自查结论	施工单位项目技术负责人 年 月 日			
监理(建设)单位 验收结论	监理工程师(建设单位项目负责人) 年 月 日			

附录 B　检验批质量验收记录表

表 B　检验批质量验收记录表

工程名称			开工时间	
分项工程名称			验收部位	
施工单位			项目经理	
分包单位			分包单位 项目经理	
施工执行标准			标准代号	
		质量验收规程的规定		
主控项目	1	原材料应符合设计要求		
	2	现浇石膏墙体厚度不得小于设计规定的厚度 2 mm		
	3	门(窗)洞过梁、水平系梁的设置应符合设计要求		
	4	现浇石膏墙体与主体结构梁或顶板、柱或墙的连接构造措施应符合设计要求		
	5	现浇石膏墙体的性能应符合设计要求		
一般项目	1	现浇石膏墙板外观质量应符合设计要求		
	2	墙上开的洞孔、槽、盒位置正确,边缘整齐		
	3	现浇石膏墙体的尺寸允许偏差应符合设计要求		

续表 B

施工单位检查评定结果	项目专业质量检查员 年　　月　　日
监理（建设）单位检查评定结果	监理工程师（建设单位专业技术负责人） 年　　月　　日

附录 C 分项工程验收记录表

表 C 分项工程验收记录表

工程名称		结构类型		检验批数	
施工单位		项目负责人		项目技术负责人	
分包单位		分包单位负责人		分包单位项目经理	
序号	检验批部位、区段	施工单位检查评定结果		监理(建设)单位验收结论	
1					
2					
3					
4					
5					
6					
7					
8					
9					
检查结论	项目专业技术负责人　　　年　月　日		验收结论	监理工程师(建设单位专业技术负责人)　　年　月　日	

本标准用词说明

1 为了便于在执行本标准条文时区别对待,对要求严格程度不同的词说明如下:

1)表示很严格,非这样不可的:

正面词采用"必须",反面词采用"严禁"。

2)表示严格,在正常情况下均应这样做的:

正面词采用"应",反面词采用"不应"或"不得"。

3)表示允许稍有选择,在条件许可时首先应这样做的:

正面词采用"宜",反面词采用"不宜"。

4)表示有选择,在一定条件下可以这样做的,采用"可"。

2 条文中指明应按其他有关标准执行的写法为:"应符合……的规定"或"应按……执行"。

引用标准名录

1 《钢筋混凝土用钢 第1部分 热轧光圆钢筋》GB/T 1499.1

2 《钢筋混凝土用钢 第2部分 热轧带肋钢筋》GB/T 1499.2

3 《用于水泥和混凝土中的粉煤灰》GB/T 1596

4 《建筑材料放射性核素限量》GB 6566

5 《混凝土外加剂》GB 8076

6 《建筑石膏》GB/T 9776

7 《蒸压加气混凝土性能试验方法》GB/T 11969

8 《轻集料及其试验方法 第1部分:轻集料》GB/T 17431.1

9 《建筑石膏 力学性能的测定》GB/T 17669.3

10 《建筑石膏 净浆物理性能的测定》GB/T 17669.4

11 《建筑石膏 粉料物理性能的测定》GB/T 17669.5

12 《用于水泥、砂浆和混凝土中的粒化高炉矿渣粉》GB/T 18046

13 《建筑用轻质隔墙条板》GB/T 23451

14 《抹灰石膏》GB/T 28627

15 《钢结构工程施工质量验收规范》GB 50205

16 《耐碱玻璃纤维网布》JC/T 841

17 《粘结石膏》JC/T 1025

河南省工程建设标准

现浇石膏墙体应用技术标准

DBJ41/T 244-2021

条 文 说 明

目　次

1 总 则

1.0.1 本条说明了制定本标准的目的。

制定本标准的目的是规范现浇石膏墙体的应用,保证现浇石膏墙体的质量,促进工业副产石膏在墙体材料中合理、有效地利用。

1.0.2 本条说明了本标准的适用范围。

本标准的适用范围明确规定为采用现浇石膏非承重内隔墙时的构造设计、施工及质量验收。

2 术　语

2.0.2 本术语明确石膏复合胶结料的主要胶凝材料是以工业副产石膏或天然石膏为原料,经高温烧制的建筑石膏。

2.0.3 本术语明确普通石膏复合胶结料体积密度大于 950 kg/m³,未规定上限值,但为了减轻墙体质量,普通石膏复合胶结料体积密度不宜大于 1 100 kg/m³。

3 现浇石膏墙体用材料

3.1 石膏复合胶结料用原材料要求

3.1.2 本条对石膏复合胶结料采用的钙质材料只提到了粒化高炉矿渣粉,未提到水泥,因为过多的掺加水泥,会改变墙体的胶凝材料体系,因此石膏复合胶结料中要慎重使用水泥。

3.2 石膏复合胶结料的技术要求

3.2.1 本条规定了石膏复合胶结料性能指标,这些指标通过试验研究,并在工程实践中得到了验证,其浇筑料的和易性满足现场浇筑的要求,硬化后的墙体满足建筑内隔墙的性能指标要求。

综合考虑石膏复合胶结料性能和现浇石膏墙体物理力学性能指标并结合现场浇筑成型工艺要求,石膏复合胶结料的物理力学性能指标应符合表 3.2.1 的要求。

3.2.2 本条规定了石膏复合胶结料的放射性核素限量应符合现行国家标准《建筑材料放射性核素限量》GB 6566 的要求,现浇石膏墙体是由石膏复合胶结料现场加水浇筑成型,因此对现浇石膏墙体的放射性核素限量未重复要求,以减少不必要的检测。

3.3 石膏复合胶结料试验方法

3.3.1~3.3.5 石膏复合胶结料复合了一些性能不同的原材料,性能要求与单一的建筑石膏和抹灰石膏有较大区别,因此石膏复合胶结料不同的性能要求,采用了不同的试验方法。

3.4 其他材料

3.4.4 应使用适合现浇石膏墙体脱模的专用液体脱模剂,油性的或非油性的脱模剂均可使用,前提是容易脱模,而且不污染墙体表面。

4 设 计

4.1 一般规定

4.1.1 现浇石膏墙体是一种新型墙体材料,目前还没有适合自身墙体的承载、防火、隔音、防潮、保温、密封、防辐射等功能设计标准,因此有关墙体的承载、防火、隔音、防潮、保温、密封和防辐射等功能设计,必须符合国家相关标准的要求。因此,本条规定现浇石膏墙体有关墙体的承载、防火、隔音、防潮、保温、密封和防辐射等功能设计,必须符合国家相关标准的要求。

4.1.2 本条规定要求工程设计单位对现浇石膏墙体的建筑功能、使用功能以及抗震性能提出主要指标要求,使现浇石膏墙体满足建筑工程设计要求。

1、2 现浇石膏墙体与主体结构连接应可靠,以保证墙体正常、安全地工作。因此,设计技术文件应提出现浇石膏墙体与其他材质墙体的连接做法和现浇石膏复合墙体不同部位的连接做法。

3 为了保证现浇石膏墙体主体结构与门窗有可靠的、正确的连接,设计技术文件应包括现浇石膏墙体安装门窗的方式。

4 根据石膏复合胶结材料的特性,现浇石膏墙体不得用于外墙和地面以下墙体。当用于潮湿环境时,设计技术文件应提出防潮、密封等构造措施。

5 为了保证房屋的使用功能,确保施工效率和墙体外观质量,现浇石膏墙体设计技术文件应确定现浇石膏墙体的种类和轴线分布、门窗位置和洞口尺寸以及配电箱、控制柜和插座、开关盒、水电管线分布位置及开槽留洞尺寸。

6 现浇石膏墙体虽然是非承重墙体,但也应有足够的承载能力和抗冲击性,墙体的厚度不仅与承载能力和抗冲击性相关,而且还决定墙体的防火、隔音、保温和防水等功能,因此现浇石膏墙体的厚度应满足建筑物内隔墙的有关力学性能和功能要求。

　　7　为了保证在墙体上安全地吊挂重物,设计文件应对现浇石膏墙体的吊挂重物要求和相应的加固措施做规定。

4.1.3　本条规定了现浇石膏墙体物理力学性能应符合的基本要求。表4.1.3分别对现浇石膏墙体的干体积密度、抗压强度、防水性能、收缩性能、抗冲击性能、隔音性能、防火性能、保温性能等功能提出指标要求,现浇石膏墙体的干体积密度指标与普通石膏复合胶结料和轻质石膏复合胶结料体积密度相对应。

4.2　构造设计

4.2.1　现浇石膏墙体,吸水率较大,耐水性差,不得用于地面以下墙体的砌筑,首层墙体应加设防潮层;石膏墙体对强酸性介质和强碱性介质的耐腐蚀性较差,因此不得用在酸碱环境中。为保证现浇石膏墙体的结构安全和耐久性,明确了现浇石膏墙体不适用的两种环境。

4.2.3　现浇石膏墙体厚度应满足建筑物承载、抗震、防水、隔音、保温等要求,现浇石膏墙体厚度是满足工程设计要求的重要因素,本条分别规定了分户隔墙和分室隔墙的最小厚度。

4.2.5　现浇石膏墙体与混凝土梁、顶板、柱和墙等主体结构之间均宜采用柔性连接,使用粘结石膏粘贴10~15 mm厚柔性材料,柔性材料的宽度宜小于墙体厚度10 mm。

4.2.6　为满足抗震设计需要,应在石膏现浇墙体施工前完成与主体结构(包括剪力墙)进行拉结钢筋的预埋或锚固,加设钢筋网,具体施工方法可以采用预埋法,也可以采用混凝土后锚固连接。

4.2.7　根据《混凝土结构设计规范》GB 50010 6.1.2条规定的计算原则,现浇石膏墙板高度如果超过5 m应在墙体半高处设置与混凝土墙或柱连接且沿墙全长贯通的钢骨架,由钢骨架和现浇石膏共同组成石膏混凝土水平系梁。由钢骨架承担抗拉性能,由石膏承担抗压性能。

4.2.8 现浇石膏墙体施工长度不宜超过 10 m,超过 10 m 时应设置结构柱,是为了保证结构稳定,防止墙体变形。

4.2.9 考虑到现浇石膏墙体强度低,不宜承受剧烈碰撞,以及吸湿性大和耐水性差,同时为提高厨房、卫生间等有防水要求的房间的防水性能等因素而做了该条规定。

4.2.10 考虑到现浇石膏墙体吸水率较大,耐水性较差,厨房、卫生间墙体内侧应采取有效的防水措施。

4.2.11 由于现浇石膏墙体与混凝土墙体材料的收缩性能差异较大,现浇石膏墙体与混凝土墙体的结合部位易产生裂缝,因此在现浇石膏墙体与混凝土墙体接缝处和阴阳角部位,应做加强处理。

5 施 工

5.1 一般规定

5.1.1 采用现浇石膏墙体的工程,在现浇石膏墙体分项工程专项施工方案中应包括有关现浇石膏墙体的针对性内容,反映现浇石膏墙体施工的特殊要求。

5.1.3 目前,现浇石膏墙体施工人员和施工经验缺乏,施工企业应对施工人员进行现浇石膏墙体施工技术培训。现浇石膏墙体施工应有经过培训的专门人员进行。

5.1.4 现浇石膏墙体在现场浇筑,易产生粉尘、废弃物和噪声,因此施工企业应文明施工、安全施工,并采取有效措施控制施工现场的各种粉尘、废弃物、噪声等对周围环境造成的污染和危害。

5.1.5 冬季施工考虑因素较多,如在低温条件下施工,应采取冬季施工措施。

5.1.7 现浇石膏墙体所用原材料如水泥、掺和料、轻集料、钢筋、粘结石膏、耐碱玻璃纤维网布、外加剂等均应具有产品合格证书,当这些材料无产品合格证书时,应有产品性能检测报告。对石膏复合胶结料不管有无产品合格证书或产品性能检测报告,均应进行复验。

5.2 施工技术要求

5.2.1 本条规定了现浇石膏墙体施工前应具备的基本施工条件,与现浇石膏墙体部分的主体结构应验收完毕。

5.3 模板安装

5.3.1 支模前,模板应使用专用脱模剂涂刷,支模时应将模板榫口对齐,以防止料浆渗漏。

5.3.2 支模完成后应对模板的拼缝进行检查,模板与结构连接处应密封,做好防渗漏措施;还应检查模板是否固定牢靠,模板变形的支撑件是否按规定安装牢靠,以防止料浆浇筑时模板受力松动,造成墙体变形。

5.3.3 一次支模完成后应对模板的垂直度用靠尺校验。当模板的垂直度超过 4 mm 时,应调整模板或重新组装模板。

5.4 浇筑入模和拆模

5.4.2 墙体浇筑时浆体的水胶比过小,尤其对于轻质石膏墙体,浇筑时浆体的水胶比如果小于 0.65,不利于墙体浇筑密实。石膏轻质复合材料浇筑时在保证最低强度要求的前提下可适量增大水胶比,以保证浆体的流动性。同道墙体采用不同的水胶比,易导致墙体开裂,所以同道墙体应使用相同的水胶比。

5.4.3 流量计过滤网易堵塞,导致用水量计量不准确,从而影响施工和墙体质量,因此注浆机开机前应检查供水泵和流量计是否正常。

5.4.4 如果分层浇筑,墙体分层处易发生开裂,因此每组模板宜一次浇筑成型。

5.4.6 拆模后的墙体应保持通风、干燥,但应避免大量通风,并严禁浇水养护。

5.5 管线安装

5.5.2 在现浇石膏墙体上开槽,易导致墙体开裂,因此电器暗线、暗管、开关盒等管线宜在浇筑前预先固定在模板上直接浇筑墙体内部。如后期确需在现浇石膏墙体内埋设管线,应遵守本条规定。

5.5.3 本条规定是为了在墙面开槽时,尽可能对墙体质量影响较小。

5.6 后续装饰的规定

5.6.1 清理基层与涂刷界面剂有利于泥子层与墙体基层黏结牢固。设备孔洞、管线槽口周围采用石膏基黏结浆批嵌刮平,有利于防止裂缝及控制表面平整度。设备孔洞、管线槽口周围不宜用普通水泥浆补平嵌缝。

5.6.2 在室温达到 25 ℃ 以上,且通风良好的情况下,30 d 后墙体即可以自然干燥进行涂刮泥子施工;在室温低于 25 ℃,或者在通风条件不良的情况下,自然干燥时间将会延长,应检查确认墙体已干燥后方可进行涂刮泥子施工。

5.6.3 施工时为防止漏浆而设置了发泡塑料垫块,为保证墙体表面的强度和完整性,接缝处应将柔性墙体连接材料向墙内剔除 5 mm,并用粘结石膏抹平。

5.6.4 在现浇石膏墙体上进行装饰施工,应在墙体施工 30 d 以后进行。在现浇石膏墙体上粘贴墙纸,墙体应特别干燥。一般情况下,在 25 ℃ 以上,室温干燥 40 d 以上,方可在现浇石膏墙体上粘贴墙纸,而且之前必须涂刮含水量较小且带胶粘剂的腻子,并使用封闭底漆。如果墙体不能充分干燥,墙纸易起泡、脱落。

6 现浇石膏墙体工程验收

6.1 一般规定

6.1.1 本条所列内容为现浇石膏墙体应验收的隐蔽项目。

隐蔽工程项目在现浇石膏墙体完工之后,基本被隐蔽,在工程验收时无法评价,而这些项目又与墙体的施工质量和墙体的性能密切相关,应在施工过程中检查并记录。工程验收时,仅对隐蔽工程验收记录进行审查。

6.1.2 本条所列内容为现浇石膏墙体工程验收时应提交的基本验收资料和文件。

6.1.3 检验批的划分应符合国家现行相关标准的规定。同一品种的墙体工程应是相同材料和相同施工条件的现浇石膏墙体工程。

6.2 工程验收

6.2.1 本条规定了判断检验批质量合格的标准要求。

6.2.2 本条针对不同现浇石膏墙体施工质量不合格工程,分别提出了工程验收的处理方法。

主控项目

6.2.3 石膏复合胶结料的质量是现浇石膏墙体物理力学性能的重要保证,粘结石膏质量与现浇石膏墙体工程质量的好坏密切相关,因此石膏复合胶结料和粘结石膏进场须有出厂合格证并应进行复验。其他原材料要有出厂合格证或复验报告。

6.2.4 为了确保现浇石膏墙体工程的各项性能满足要求,本条规定了现浇石膏墙体厚度不得小于设计规定的厚度 2 mm。

6.2.5 门(窗)洞口过梁和水平系梁是房屋抗震设防和结构稳定牢固的重要构造措施,为保证现浇石膏墙体的抗震性能和整个结构的稳定性而做出了本条规定。

6.2.6 为了使现浇石膏墙体与主体结构部位紧密结合,不出现裂缝,要求现浇石膏墙体与主体结构连接部位的连接构造措施应符合设计要求。

一般项目

6.2.9 为了保证墙体的外观质量,防止现浇石膏墙体开裂,避免不必要的开洞、开槽,做了本条规定。

6.2.10 现浇石膏墙体的一般尺寸允许偏差,虽然对结构安全和力学性能不会造成重大影响,但会对建筑物的施工质量和外观产生影响,因此施工中应予以控制。